环保卷

无形的污染

丛书主编◎郭曰方
执行主编◎于向昀

圣　金◇著

山西出版传媒集团
山西教育出版社

图书在版编目（CIP）数据

无形的污染 / 圣金著. — 太原 ：山西教育出版社，2020. 1（2021. 6 重印）
（“绿宝瓶”科普系列 / 郭曰方主编. 环保卷）
ISBN 978 -7 -5703 -0573 -5

Ⅰ. ①无… Ⅱ. ①圣… Ⅲ. ①环境保护—少儿读物 Ⅳ. ①X -49

中国版本图书馆 CIP 数据核字（2019）第 187423 号

无形的污染
WUXING DE WURAN

责任编辑 韩德平
复　　审 姚吉祥
终　　审 冉红平
装帧设计 孟庆媛
印装监制 蔡　洁
出版发行 山西出版传媒集团・山西教育出版社
（太原市水西门街馒头巷 7 号　电话：0351 -4729801　邮编：030002）
印　　装 辉县市新兴印刷有限公司
开　　本 787 mm × 1092 mm　1/16
印　　张 6
字　　数 134 千字
版　　次 2020 年 1 月第 1 版　2021 年 6 月第 2 次印刷
印　　数 6 001 -9 000 册
书　　号 ISBN　978 -7 -5703 -0573 -5
定　　价 28. 00 元

目录

人物介绍

姓名 蠹鱼

昵称：小鱼儿

性别：请自己想象

年龄：加上吃过的古书的年龄，已超过 3 000 岁

性格：知书达理（自诩的）

爱好：吃书页，越古老越好

口头语：这个我知道！我会错吗？

姓名 阿龙

昵称：龙哥

性别：男

年龄：因患疑似遗忘症，忘记了

性格：呆板、温和

爱好：旅游、欣赏自然、提问

口头语：可是这个问题还是没解决啊。

引言

这世界上最可怕的事是什么？

可能每个人的答案都不一样。有人说，最可怕的事是天塌了；也有人说，最可怕的事是地震；还有人说，火灾最可怕；更有人说，最可怕的事莫过于没有吃的……

有一些人坚持认为，这世界上最可怕的事叫作“独自在家”。他们能绘声绘色地讲出他们曾经经历过的恐惧——

爸爸、妈妈临时有事，家里只剩下自己一个人，做作业或者看电视的时候，感觉还不那么明显，可停下来上厕所时，总觉得脖子后面有人在吹冷风；到了晚上，该关灯睡觉的时候，又总觉得屋里并不是只有自己一个人，似乎还有什么看不见的东西在盯着自己；等关灯上了床，仿佛床底下有东西在偷窥自己，如果因为太过害怕而躲进床下，又觉得自己那张温暖、柔软的床被某个看不见的东西霸占了……

是的，我们现在才明白，那个所谓的“看不见的东西”，很可能是那个独自在家的人想象出来的。但是，请千万别轻易地笑话这些人胆子小，因为，确实有很多你看不见的东西，在偷偷地危害着你的健康，甚至生命。这可不是独自在家的人想象出来的。被这些看不见的东西侵害的，也不仅仅是那些想象力过于丰富，以致吓坏了自己的人。现今社会中，许许多多的人都在承受着种种“偷偷摸摸”的危害。

这些偷偷危害人们健康的东西是一些看不见的污染，甚至被称为“无形的杀手”。说起来这样的“杀手”还不少呢，你要是想了解它们的底细，那就把这本书从头读到尾，仔细看看这些“杀手们”的档案吧。

一 噪声污染

我出棒子，打
你的老虎。
哼！

噪声，好可怕
的武器！
不干哪！
不想输啊！

相信你跟我一样，也喜欢看动画片《哆啦A梦》。不知道你还记不记得有这样一集：大雄又被胖虎欺负了，让哆啦A梦帮他想办法报仇。哆啦A梦说：“你只有声音大。”于是给了大雄一瓶可以把声音凝固的药水。大雄冲着胖虎大声叫嚷，一大堆凝固了的声音块从天而降，把胖虎砸倒在地。力气小、胆子也小的大雄，就靠着自己的“声音大”报了仇。

千万别小看这则故事，它告诉我们这样一个道理：声音也是一种很厉害的武器。说得再明白一点儿，某些时候，声音可能也会给人体造成危害。

小贴士

从生理学角度来说，凡是干扰人们正常休息、学习和工作，以及对人们所要听的声音产生干扰的声音，即不需要的声音，统称为噪声。

从心理声学角度来说，噪声又称噪音，一般是指不恰当或者不舒服的听觉刺激。它是一种由众多的频率组成，并具有非周期性振动的复合声音。简言之，噪声是非周期性的声音振动。它的声波波形不规则，听起来刺耳。

这些对人有害的声音，可以称其为“噪声”，又叫“噪音”。

声音由物体的振动产生。我们把固体、液体和气体称为介质，声音以波的形式在一定的介质中进行传播，通常听到的声音为空气声。而发声体做无规则振动时发出的声音就是噪声。

通常所说的噪声污染是由人为造成的。科学技术的进步，各种机械设备的出现，给人们的生产、生活带来了极大的便利，但同时也带来了各种各样的噪声。

按照声源的机械特点，噪声可分为气体扰动产生的噪声、固体振动产生的噪声、液体撞击产生的噪声以及电磁作用产生的电磁噪声。而按照声音的频率，低于500赫兹（Hz）的噪声为低频噪声，介于500到1 000赫兹（Hz）的为中频噪声，高于1 000赫兹（Hz）的为高频噪声。

这些令人讨厌的噪声都是从哪里来的呢？说实话，它们都是伴随着日常生活，被人们制造出来的，这其中，很可能也包括你哟。

说实话是不是很伤感情啊？没错，很多实话都不大好听，可是，实话有用。比如说，了解了噪声的来源，我们就可以有效地控制自己的日常生活，尽量避免噪声的产生。

可怕的噪声

噪声的来源主要可分为四大方面

（1）交通噪声

包括机动车辆、船舶、地铁、火车、飞机等产生的噪声。由于机动车辆数量的迅速增加，使得交通噪声成为城市的主要噪声源。

（2）工业噪声

工厂的各种设备产生的噪声。工业噪声的声级一般较高，给工人及周围居民带来较大的影响。

（3）建筑噪声

主要来源于建筑机械发出的噪声。建筑噪声的特点是强度较大，且多发生在人口密集区，因此严重影响了居民的日常休息与生活。

（4）社会噪声

包括人们的社会活动和家用电器、音响设备等发出的噪声。这些设备的噪声声级虽然不高，但由于和人们的日常生活联系密切，使人们在休息时得不到安静，尤为让人烦恼，极易引起邻里纠纷。

家用电器也会产生社会噪声哦

温州松台的广场舞非常出名，可谁知道，就是这最出名的广场舞，竟成了噪声污染的源头，引发了附近居民与舞蹈队的矛盾，甚至引起了社会的广泛关注。

地处闹市的松台广场是温州广场舞的“聚集点”，有大小20个团体经常在这里活动，还有不少广场舞爱好者也慕名而来。天气好的时候，来此跳舞的、唱卡拉OK的和观摩的，能有上千人。

由于广场后的松台山呈弧形，广场上多个音响同时播放时又有叠加作用，广场舞伴奏的乐曲声就成了扰民的噪音。附近居民多次抗议无效，最后，新国光大厦业主委员会从物业租金中提取了12万元，购买了一套“远程有源定向强声扩声系统”，以此来对抗广场“噪声”，并警告广场舞队伍要遵守《中华人民共和国环境噪声污染防治法》，停止其违法行为。

奇闻逸事

业主委员会的努力最终取得了成效。2014 年 1 月 21 日，由该区的宣传部、文明办、城管与执法局、公安分局、环保局等部门成立的“鹿城区广场舞综合协调领导小组”组织市民和居民代表、文体团队代表等，结合法律法规制定了《鹿城广场文化活动公约》，对广场舞的场地、时间、音量等做出了限定。同年 4 月，鹿城区委、区政府召开了专题研究会，做出多项整治措施：“鉴于广场等公共场所与百姓的日常生活息息相关，今后对群体性聚集广场活动要进行细致化管理，使用场地实行登记制。在广场设置分贝仪和电子显示屏，方便广场舞人员和周边群众自律、监督。”

随着近现代工业的发展，环境污染问题越来越严重。噪声污染是环境污染的一种。如今，它与水污染、大气污染和光污染一起被看成是世界范围内的四个主要环境问题。

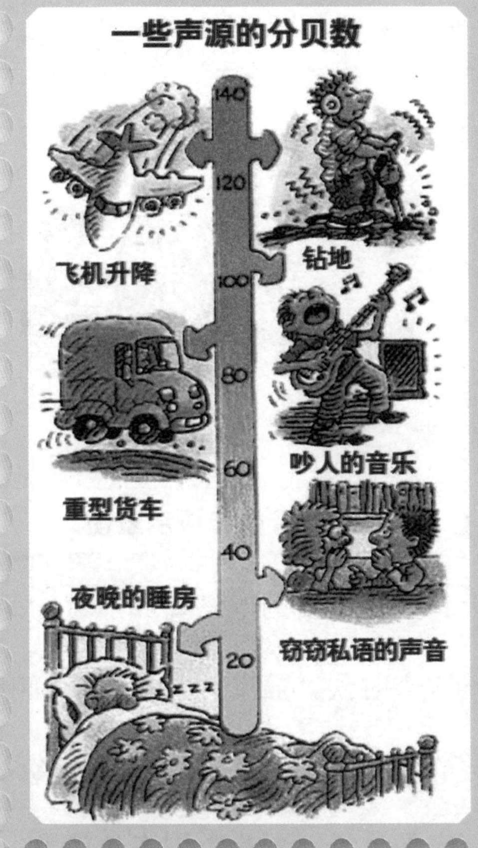

噪声是发声体做无规则振动时发出的声音。一般情况下，人耳可听到的声波频率为 20～20 000 赫兹，称为可听声；低于 20 赫兹的称为次声波；高于 20 000 赫兹的称为超声波。声音音调的高低取决于声波的频率，高频声听起来尖锐，而低频声给人的感觉较为沉闷。

声音的大小是由声音的强弱决定的。从物理学的观点来看，噪声是由各种不同频率、不同强度的声音杂乱、无规律地组合而成的；而乐音则是和谐的声音。判断一个声音是否属于噪声，仅从物理学角度判断是不够的，主观因素往往起着决定性的作用。

声音的传播示意图

例如，你明天有一场重要的考试要参加，为此你努力地复习，想要拿个高分。可偏偏这个时候，隔壁有人打开了音响，开始播放雄壮的交响乐，音乐声震耳欲聋。这个时候，隔壁传来的交响乐就可以称为“噪声”。再比如说，你平时特别喜欢听周杰伦的歌，可现在你正在跟同伴组团打怪，这个时候，素日爱听的歌曲对你来说也就成了噪声。所以说，即使是同一种声音，当人处于不同的状态、不同的心情时，也会产生不同的主观判断，此时同一种声音可能成为噪声或乐音。

总之，判断一种声音是否属于噪声，一个重要的标准就是人的需求。不需要的声音，统称为噪声。

当噪声对人及周围环境造成不良影响时，就形成了噪声污染。

作为一种公害，噪声具有公害的特性，同时，作为一种声音，它还具有声音的特性。

噪声，尽管你能听到，却看不见也摸不着，它属于感觉公害，这也是它被归为“无形的杀手”的重要原因。噪声与其他有毒有害物质产生的危害不同。首先，它没有污染物，也就是说，噪声在空中传播时并未给周围环境留下什么毒害性的物质；其次，噪声对环境的影响不积累、不持久，传播的距离也有限。噪声声源分散，而且一旦声源停止发声，噪声也随之消失。

铁路全封闭拱形声屏障

因此，噪声不能集中处理，需用特殊的方法进行控制。噪声对环境的影响和它的强弱有关，噪声愈强，影响愈大。

小贴士

衡量噪声强弱的物理量是噪声级。噪声的单位是分贝。零分贝是可听见音的最低强度；声音不超过70分贝，会让人觉得比较安静；70～110分贝的声音就会让人觉得很吵；110～130分贝的声音会让人感觉到头痛；130～150分贝的声音，人类已经无法忍受；而突然暴露在高于160分贝的声音中，耳鼓膜会破裂出血，甚至双耳失去听力。

工业噪声

噪声污染对人、动物、仪器仪表以及建筑物都会造成不同程度的危害，其危害程度主要取决于噪声的频率、强度以及暴露时间。

噪声对人体最直接的危害是听力损伤。人在强噪声环境中暴露一段时间，会感到双耳难受，甚至会头痛，产生听觉疲劳。长期在强噪声环境下工作，听觉疲劳不能得到及时恢复，会使人患上噪声性耳聋。人若突然暴露在极强烈的噪声环境中，听觉器官会发生急剧损伤，人耳可能完全失去听力，即出现爆震性耳聋。一般情况下，85分贝以下的噪声不至于危害人的听觉，而85分贝以上的噪声则可能会引发危险。

噪声带来头痛、失眠

噪声还会给人体的其他系统带来危害。它通过听觉器官作用于大脑中枢神经，从而影响全身各个器官，产生头痛、脑胀、耳鸣、失眠、全身疲乏无力以及记忆力减退等神经衰弱症状。长期在高噪声环境下工作的人，高血压、动脉硬化和冠心病的发病率要比其他人高 2～3 倍。噪声也可导致消化系统功能紊乱，引起消化不良、食欲不振、恶心呕吐，使肠胃病和溃疡病发病率升高。噪声危害人的神经系统，使人急躁、易怒。夜晚暴露在噪声中，无疑会影响人的睡眠，使人感觉疲倦。此外，噪声对视觉器官、内分泌机能及胎儿的正常发育等产生一定影响。孕妇长期处在超过 50 分贝的噪声环境中，会使内分泌腺体功能紊乱，从而出现精神紧张和内分泌系统失调。严重的会使血压升高、胎儿缺氧缺血，从而导致胎儿畸形，甚至流产。高分贝噪声还能损坏胎儿的听觉器官，甚至影响胎儿大脑的正常发育，导致儿童智力低下。

相关链接

噪声不仅能对动物的听觉器官、视觉器官、内脏及中枢神经系统造成病理性变化。还可影响动物的行为，使其失去行为控制能力，出现烦躁不安、失去常态等现象。强噪声会引起动物死亡。鸟类在强噪声中会出现羽毛脱落、产卵率下降等。

大量实验表明，强噪声场能引起动物死亡。噪声声压级越高，使动物死亡的时间越短。例如，170分贝噪声大约6分钟就可能使半数受试的豚鼠死亡。对于豚鼠，噪声声压级达到一定域值后，每增加3分贝，半数致死时间相应缩短一半。

特强噪声会损伤仪器设备，甚至使仪器设备失效。噪声对仪器设备的影响与噪声强度、频率以及仪器设备本身的结构与安装方式等因素有关。声频交变负载的反复作用，会使材料产生疲劳现象而断裂。

噪声还会对建筑物产生破坏。超过140分贝的噪声开始对轻型建筑物有破坏作用。例如，当超声速飞机在低空掠过时，会制造出一种特殊的噪声——轰声。在轰声的作用下，建筑物会受到不同程度的破坏，如出现门窗损伤、玻璃破碎、墙壁开裂、抹灰震落、烟囱倒塌等现象。由于轰声衰弱较慢，因此传播较远，影响范围较广。此外，在建筑物附近使用空气锤、打桩或爆破，也会导致建筑物的破坏。

现在你知道噪声这个“无形的杀手”有多么可怕了吧！它看不见、摸不着，可它就在你的身边，纠缠着你，慢慢地折磨你，一点点地偷走你的好心情，甚至是你的健康。

飞机起飞时的噪声可达 120 分贝

该怎么对付这个“无形的杀手”，以便保护自己，保护我们的家人，乃至这个世界上所有的人呢？科学家们告诉我们，根据这个“杀手”自身的特点，可以对它进行防治——

声在传播中的能量是随着传播距离的增加而衰减的，因此使噪声源远离需要安静的地方，可以达到降低噪声的目的。

声的辐射一般有指向性，处在与声源距离相同而方向不同的地方，接收到的声强度也不同。不过多数声源以低频辐射噪声时，指向性很差；随着频率的增加，指向性就增强了。因此，控制噪声的传播方向，包括改变声源的发射方向，是降低噪声尤其是降低高频噪声的有效措施。

建立隔声屏障，或利用天然屏障，如土坡、山丘等；或利用其他隔声材料和隔声结构来阻挡噪声的传播。

应用吸声材料和吸声结构，将传播中的噪声声能转变为热能等。

道路交通噪声监测

在城市建设中，采用合理的城市防噪声规划。此外，对于固体振动产生的噪声采取隔振措施，以减弱噪声的传播。

别看噪声这个“无形的杀手”被称作世界上的“四大公害”之一，它带给我们的，倒还真的不全是害处。科学家们发现，噪声在某些时候居然还能为人类服务。

研究结果表明，不同的植物对不同的噪声敏感程度不一样。根据这个原理，人们制造出噪声除草器。这种噪声除草器发出的噪声能使杂草的种子提前萌发，这样就可以在作物生长之前用药物除掉杂草，从而保证作物的顺利生长。

怎么样？这种除草的方法是不是让你想到了一个成语，那就是“拔苗助长”。噪声催生杂草，仿佛就是在拔苗助长。

而近年来科学家们又有了新发现：噪声能治病。

不是你听错了，也不是我写错了，上面谈到噪声这个“无形的杀手”的“罪行”时，我确实说了它能致病。可现在我要告诉你，这个杀手还能诊病。准确地说，在给人治病的过程中，噪声做的是诊断工作，而不是治疗。具体情况是这样的：科学家们制成一种激光听力诊断装置，它由光源、噪声发生器和电脑测试器三部分组成。使用时，它先由微型噪声发生器产生微弱短促的噪声，振动耳膜，然后微型电脑就会根据回声，把耳膜功能的数据显示出来，供医生诊断。它测试快速，不会损伤耳膜，没有痛感，特别适用于儿童。此外，还可以用噪声测温法来探测人体的病灶。

利用噪声发电的机场跑道指示灯效果图

你看，只要防治得好，我们就不必害怕噪声这个“无形的杀手”。并且，只要使用得当，噪声还能让我们生活得更方便呢。要做到这些，大前提我们可要记住哟，那就是——知识就是力量。

二　光污染

要有光！

那么多光！
都成光污染了！

光在我们的生命中有着无比重要的地位。自然界中，最常见的发光体是太阳。可以说，没有阳光，地球上就没有形形色色的生命。

在祖先们看来，光是先于世界而存在的，有着神奇的力量，能够创造奇迹。拥有了光的力量，就等于有了“魔法”。在一些幻想小说里，正义的魔法师使用的都是“白魔法”，又叫“光之魔法”；邪恶的魔法师使用的都是“黑魔法”。正义的人们会受到光之能量的保护。

在现实生活中，光确实创造了许多奇迹。可以说，我们的生活离不开光。

可是，对我们来说这么重要的光，却也会污染我们的环境，这到底是怎么回事呢？

城市彩光

事情要从银河说起。

“银河”这个词，你肯定不陌生，在很多书里，你都可以读到类似这样充满诗意的句子——

“夏天，晴朗的夜晚，你抬头仰望夜空，会发现天上有一条乳白色的带子，那就是银河……”

可是，截至目前，你究竟有没有亲眼看见过银河，那就不知道了。

晴朗的夏夜，大家抬头所见，通常是华灯溢彩、霓虹闪烁，曾经灿烂的银河，看不见也不会惊讶。

银河

你可能会有这样的疑问：城市的夜景变得绚丽多彩了，人们的起居生活也变得方便了，这不好吗？

我很遗憾地告诉你这样一个事实：确实不能算好。城市的夜晚变得明亮的同时，伴随而来的还有光污染。

小贴士

光污染通俗地说，就是过强或过亮的光线对生活环境产生的不利影响。科学家们是这样说的：“光辐射增至一定量时，将会对生活和生产环境以及人体健康产生不良影响，这称之为光污染。”

光污染问题最早于20世纪30年代由国际天文学界提出，他们认为光污染是城市室外照明使天空发亮造成对天文观测的负面影响。后来英、美等国称之为“干扰光”，在日本则称其为“光害”。

全国科学技术名词审定委员会审定公布光污染的定义为：

1. 过量的光辐射对人类生活和生产环境造成不良影响的现象。包括可见光、红外线和紫外线造成的污染。

2. 影响光学望远镜所能检测到的最暗天体极限的因素之一。通常指天文台上空的大气辉光、黄道光和银河系背景光、城市夜天光等使星空背景变亮的效应。

城市灯光

光污染是继废气、废水、废渣和噪声等污染之后的一种新的环境污染，主要包括白亮污染、人工白昼污染和彩光污染。

玻璃幕墙

白亮污染是光污染的一种，主要是指白天阳光照射强烈时，城市建筑物的玻璃幕墙、釉面砖墙、磨光大理石和各种涂料等装饰反射光线引起的光污染。

城市里一些高大建筑物上的漂亮装饰，如玻璃幕墙、釉面砖墙、磨光大理石和各种涂料等，是造成白亮污染的主要因素。这些东西能够反射大量的光线，使得周围明晃晃的，让人们头晕目眩。

据光学专家研究，建筑物玻璃镜面的反射光比阳光照射更强烈，其反射率高达82%～90%，比绿色草地、森林等的反射率大10倍，大大超过了人体所能承受的范围。

长时间在白色光亮污染环境下工作和生活的人，眼睛的视网膜和虹膜都会受到不同程度的损害，引起视力急剧下降，白内障的发病率明显升高。此外，白亮污染还会导致人头昏心烦，所受伤害较为严重的人，还会产生失眠、食欲下降、情绪低落、身体乏力等类似神经衰弱的症状。

白亮污染还可能间接引起幻觉。比如，对于反光的建筑墙壁，夜晚开车的时候灯光照在墙壁上会直接被反射回来，这就有可能造成严重的后果。

城市光污染

夏天，玻璃幕墙强烈的反射光射入附近居民楼内，增加了室内温度，从而影响正常的生活。有些玻璃幕墙是半圆形的，反射光汇聚还容易引发火灾。烈日下驾车行驶的司机会毫无征兆地遭到玻璃幕墙反射光的袭击，眼睛受到强烈刺激，很容易引发车祸。

银河的“消失”是“人工白昼”玩儿的把戏之一。

夜幕降临后

商场、酒店的广告灯、霓虹灯闪烁着夺目的光彩，令人眼花缭乱。

有些强光束甚至直冲云霄，使得夜晚如同白天一样，即所谓人工白昼。

过于强烈的夜间照明使我们失去了黑夜。在这样的“不夜城”里，人们夜晚难以入睡，正常的生物钟被打乱，白天工作效率低下不说，生活节奏及生理、心理健康都受到影响。刺眼的路灯和沿途灯光广告及标志，使汽车司机感到紧张，注意力易分散，容易诱发交通事故。更可怕的是，对于夜间飞行的飞行员，需要花精力在这些各式各样的光芒中寻找、辨认航空信号灯。

人工白昼还会伤害鸟类和昆虫，强光可能破坏昆虫在夜间的正常繁殖过程，致使大量鸟类和昆虫逃离甚至死亡，严重破坏了生态环境。

彩光污染是由KTV等娱乐场所安装的黑光灯、旋转灯、荧光灯以及闪烁的彩色光源造成的光污染。黑光灯所产生的紫外线的强度大大高于太阳光中的紫外线，对人体的伤害持续时间也更长。人如果长期接受这种灯光的照射，可诱发流鼻血、脱牙、白内障，甚至导致白血病和其他癌变。彩色光源让人眼花缭乱，不仅对眼睛不利，而且干扰大脑中枢神经，使人感到头晕目眩，出现恶心、呕吐、失眠等症状。最新研究表明，彩光污染不仅会对人的生理功能造成损害，还会影响人们的心理健康。

七彩魔球灯

小转球LED水晶灯

相关链接

去娱乐场所游玩可千万要小心！一种叫作“镭射光饰”的东西作为新工具，现已被广泛使用，稍不注意便会造成激光污染。

演唱会现场彩光四溢

激光造成环境污染有两方面的含义，其一是激光束穿过空气时使许多物质（如尘土）气化，造成空气污染；其二是激光不仅会伤害眼睛的结膜、虹膜和晶状体，还可能直接危害人体深层组织和神经系统。

所谓“镭射”，是英文译音，指的就是激光。镭射光饰频频换转方向，射出各种色彩的光线和图像，令人感觉新奇，增添了舞台的表现效果。可是，科学家们经过研究发现，激光束照射人眼的晶状体，会引发白内障，而且眩目的彩光，久视之后也会影响视神经和中枢神经系统，使人出现头晕眼花等症状。所以，在娱乐场所过度使用激光技术，可能对人体造成危害，不可忽视。

镭射光饰的使用情况让我们得到这样一个启示：人们在合理利用光资源的同时，必须警惕光污染，学会自我保护，避免受到伤害。

镭射灯

作为“无形的杀手”之一的光污染，有着非同一般的特性。首先，它具有局部性，会根据距离的增加而迅速减弱。其次，它有不残留性。也就是说，在环境中光源消失，光污染也会随之消失。再次，它跟时间、空间一样，具有相对性。其相对性分为两方面，一是只有在一定的环境背景下才会有光污染，光污染是相对于环境背景而言的；二是对一些人造光的判断，这些人造光属于污染，但是否是光污染，不同的人会有不同的结论。

人造光污染

近年来，随着人们生活水平的不断提高，环境污染问题越来越成为大家关注的焦点。人们关注水污染、大气污染、噪声污染等，并采取措施大力整治，但对光污染却重视不够。目前，光污染已越来越严重，对自然环境的威胁也越来越大，这些危害集中体现在以下几个方面：

1. 使夜空失色

澳大利亚《宇宙》杂志曾报道：据美国一份最新的调查研究显示，全球 70% 的人口生活在光污染中，夜晚的华灯造成的光污染已使世界上 20% 的人无法用肉眼看到银河系美景。

在欧美和日本，光污染问题早已引起人们的关注。美国还成立了国际黑暗天空协会，专门与光污染作斗争。

2. 影响人类健康

光污染对人类的危害，首先表现在眼睛上。20 世纪 30 年代，科学研究发现，荧光灯的频繁闪烁会迫使瞳孔频繁缩放，造成眼部疲劳。如果长时间受强光刺激，会导致视网膜水肿、模糊，严重的会破坏视网膜上的感光细胞，使视力受到影响。光照越强，光照时间越长，对眼睛的刺激就越大。

据有关专家介绍，视觉环境中的光污染大致可分为三种：一是室外视环境污染，如建筑物外墙；二是室内视环境污染，如室内装修、室内不良的光色环境等；三是局部视环境污染，如书簿、纸张、某些工业产品等。光污染可对人眼的角膜和虹膜造成伤害，抑制视网膜感光细胞功能的发挥，引起视疲劳和视力下降。

过亮的墙面

其次，光污染还会诱发癌症。多项研究表明，夜班与乳腺癌和前列腺癌发病率的增加具有相关性。科学家们对以色列 147 个社区调查后发现，光污染越严重的地方，妇女罹患乳腺癌的概率大大增加。原因可能是非自然光抑制了人体的免疫系统，影响了激素的产生，内分泌平衡遭到破坏而导致细胞癌变。

再次，光污染会使人产生不良情绪。光污染可能会引起头痛、疲劳和焦虑。动物模型研究表明，动物在长时间的强光照射下，情绪会不稳定，甚至出现焦虑症状。

彩光污染不仅有损人的生理功能，而且对人的心理也有影响。人若长期处在彩光污染的环境中，其心理或多或少会受到影响，因为不同的色彩给人的感觉也不同，寒暖色系有明显的心理区别，其积累效应会不同程度地引起倦怠无力、头晕、神经衰弱等身心方面的病症。

视觉环境已经威胁到人类的健康，影响了人们正常的生活和工作。因此，关注光污染，改善视觉环境，已经刻不容缓。

光污染给人们的生活带来不便

3. 生态问题

光污染影响了动物的自然生活规律，受影响的动物昼夜不分，使其活动能力出现问题。此外，其辨位能力、竞争能力、交流能力等皆会受到影响，更为严重的是猎食者与猎物的位置互调。

光污染使得湖里浮游生物的生存受到威胁；破坏植物体内的生物钟节律，有碍其生长；候鸟亦会受光污染的影响而迷失方向；刚孵化的海龟会因光污染而死亡……

光污染还可在其他方面影响生态平衡。例如，人工白昼还可伤害昆虫和鸟类，因为强光可破坏夜间活动的昆虫的正常繁殖过程。专家指出夜里的强光影响了飞蛾及其他夜行昆虫辨别方向的能力，这使得那些依靠夜行昆虫来传播花粉的花因为得不到协助而难以繁衍，结果可能导致某些种类的植物在地球上消失，并从长远而言影响了整个生态环境。

小贴士

光污染的防治主要有以下几点：

①加强城市规划和管理，改善工厂照明条件等，以减少光污染的来源。

②对有红外线和紫外线污染的场所采取必要的安全防护措施。

③采取个人防护措施，主要有戴防护镜等。光污染的防护镜有反射型防护镜、吸收型防护镜、反射—吸收型防护镜、爆炸型防护镜、光化学反应型防护镜、光电型防护镜、变色微晶玻璃型防护镜等类型。

光污染的危害显而易见，并在日益加剧。因此，人们在生活中应注意防止各种光污染对健康的危害，避免长时间处在光污染的环境中。比如说，在你写作业的时候，需要用什么样的台灯，最好请教一下专家；休闲娱乐的时候，不要长时间看电视、玩电脑；平时避免长时间玩手机，防止眼睛过度疲劳。

光对环境的污染是实际存在的，但由于缺少相应的污染标准与法规条文，因而不能形成较完整的环境质量要求与防范措施。防治光污染，是一项社会系统工程，需要有关部门制定必要的法律和规定，采取相应的防护措施。

首先，企业、卫生、环保等部门，一定要对光污染有一个清醒的认识，要注意控制光污染的源头，加强预防性卫生监督，做到防患于未然。科研人员在科学技术上也要探索减少光污染的方法，在设计方案上合理选择光源。要教育人们科学合理地使用灯光，注意调整亮度，不可滥用光源，不再扩大光污染。

其次，对于个人来说，要增强环保意识，注意个人保护。个人如果不能避免长期处于光污染的工作环境中，应当采取个人防护措施，如戴防护镜、防护面罩，穿防护服等，把光污染的危害消除在萌芽状态。对已出现症状的应定期去医院眼科做检查，及时发现病情，以防为主，防治结合。

三　电磁污染

X光片真神奇，
我要天天去照，
保证健康。
那可不行！

长期照射X射线，
可能会受到电磁
污染的危害。

如果你读过一本很好看的科普书，书名是《解密光的魔法》，那么你就会知道，光束本身就是电磁波……什么？不许在科普书里打广告？我是替朋友打的……那也不行？那……

让我们重新来说一说光和电磁波的关系问题。

光束本身是电磁波，将光束切分、切分、再切分……直到小得无法再分，就得到了光子。

光就其本质而言，可以算作电磁波的一种，只是波长比普通无线电波更短。人类肉眼所能看到的可见光只是整个电磁波谱的一部分。

噢，我想聪明的你已经猜到我下面要说什么了——

既然光会对环境造成污染，那么电磁波也一样。

没错，电磁波向空中发射与传播的现象，叫电磁辐射。过量的电磁辐射就造成了电磁污染。

电磁辐射是一种看不见、摸不着的东西。人类生存的地球本身就是一个大磁场，它表面的热辐射和雷电都可产生电磁辐射。太阳及其他星球也从外层空间源源不断地产生电磁辐射。围绕在人类身边的天然磁场、太阳光、家用电器等都会发出强度不同的电磁辐射。

电磁辐射就“附身”在这些东西上

小贴士

电磁污染是指天然的和人为的各种电磁波的干扰及有害的电磁辐射。由于广播、电视、微波等技术的发展，电磁波发射装置的功率成倍提高，地面上的电磁辐射大幅增强，已达到直接威胁人体健康的程度。

电磁“频谱”包括形形色色的电磁辐射，从极低频的电磁辐射至极高频的电磁辐射，两者之间还有无线电波、微波、红外线、可见光和紫外线等。其中，无线电波的波长最长而伽马射线的波长最短。

影响人类生活环境的电磁污染可分为天然电磁污染和人为电磁污染两大类。

天然电磁污染是由某些自然现象引起的，最常见的是雷电。雷电除了可能对电气设备、飞机、建筑物等直接造成危害外，还会在广泛的区域内产生严重的电磁干扰。此外，火山喷发、地震和太阳黑子活动引起的磁爆等都会产生电磁干扰。天然电磁污染一般对短波通信的干扰较为严重。

人为的电磁污染主要包括三大类。第一类是脉冲放电，它在本质上与雷电相同，只是影响区域较小。第二类叫做工频交变电磁场，在大功率电机、变压器以及输电线等附近的电磁场，并不以电磁波的形式向外辐射，但在近场区会产生严重的电磁干扰。第三类是射频电磁辐射，像无线广播、电视、微波通信等设备，都会产生这种辐射，频率范围宽，影响区域也较大，尤其是近场区的危害较大。这三大类别中，射频电磁辐射已经成为电磁污染的主要因素。

相关链接

电磁污染源的危险等级

鱼缸水泵：★★★★☆

辐射达国家标准（100微特斯拉）的一半。但只要检测仪器离开鱼缸一些距离，测得的辐射就会减弱。因此没必要为鱼缸水泵辐射担心。不过，整天头贴着鱼缸赏鱼也是不可取的，那样不但会有遭受电磁辐射的危险，还浪费时间。

无线电话：★★★

国家标准是0.4瓦/平方米，而无线电话检测到的功率密度最大值为0.15瓦/平方米，而且距离5厘米以上就没事了。

微波炉：★★

很多人都担心微波炉的微波泄漏造成辐射，以至于有一段时间，许多人都不敢在家里买微波炉。其实微波辐射只有在工作时才会产生，因此，在微波炉工作时远离它即可。

高压输电线路：★☆

高压输电线路目前还只是世界卫生组织的怀疑对象。有人说，高压输电线路的危害等同于咖啡。检

测到的数据显示，高压输电线路的磁场强度远远低于国家标准，可以忽略不计。

电脑主机：★

在过去的许多年里，电脑主机产生的电磁辐射对人体的危害都被片面地夸大了。真相是，检测时紧挨机箱，其磁场强度仅为1～2微特斯拉。人们之所以担心其辐射主要是因为心理上的恐惧。商家为了促销自己的商品，也夸大了电磁场对人体的危害。不过，长时间处于电磁辐射中总会对人体造成一些危害，所以尽量不要长时间使用电脑。

在这一章的开头部分，我们提到过：光束本身就是电磁波。

而在上一章，你已经知道了光污染这一"无形的杀手"的特征。拿光污染跟电磁污染比较，你会发现，电磁污染比光污染还要厉害。因为光污染是可以看得到的，而电磁波在向外辐射时，你根本看不到。所以说，电磁污染这个"杀手"看不见、摸不着，甚至也无法感觉到，遇到这个"杀手"，你可要加倍小心了。

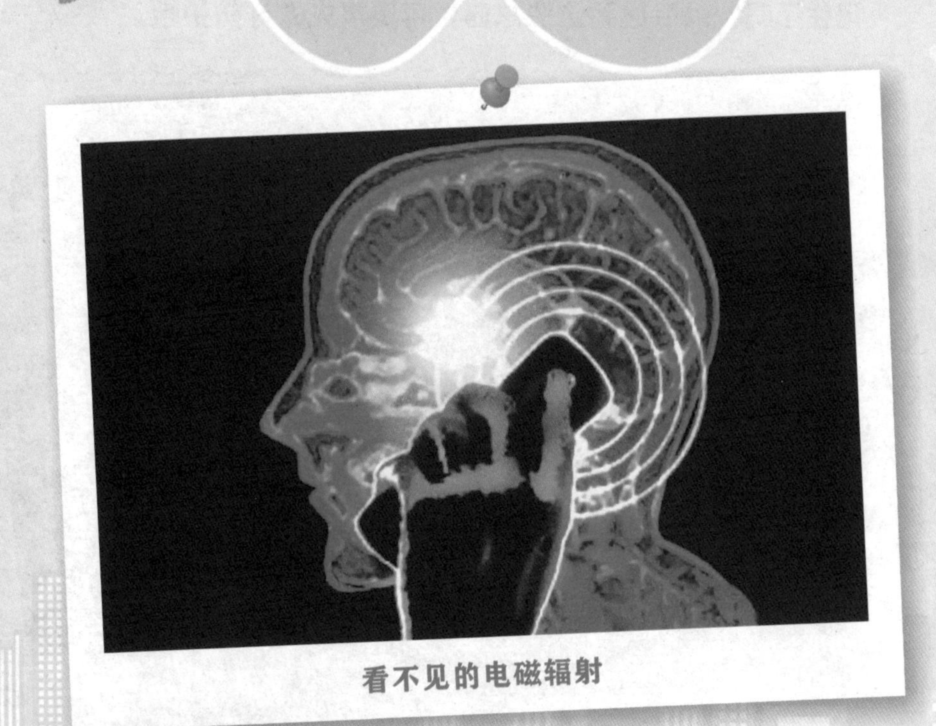

看不见的电磁辐射

电磁污染这个“无形的杀手”是谁制造出来的呢？

它有以下几个来源：

1. 高频感应加热设备，例如高频淬火、高频焊接和高频熔炼设备等。
2. 高频介质加热设备，例如塑料热合机、高频干燥处理机和介质加热联动机等。
3. 短波超短波理疗设备。
4. 无线电广播通信。
5. 微波加热与发射设备。

记住了吗？以后遇到这些东西，可要事先做好防护哦。

电磁辐射是一种复合的电磁波。人体生命活动包含一系列的生物电活动，这些生物电对环境的电磁波非常敏感。因此，电磁辐射可以对人体造成影响和伤害。

电磁辐射对人体的影响因其波长而异，微波对人体健康危害最大，中长波危害最小。其生物效应主要是，机体把吸收的射频能转换为热能，形成由于过热而引起的损伤。电磁辐射会对人体生殖系统、神经系统和免疫系统造成直接伤害，并且是心血管疾病、糖尿病、癌变、不育症的主要诱因。孕妇遭受过量的电磁辐射，可能会导致流产或畸胎。过量的电磁辐射直接影响大脑组织发育、骨髓发育，导致视力下降、肝病、造血功能下降，严重者可导致视网膜脱落。

小贴士

电磁污染的危害

危害之一

电磁污染极可能是造成儿童患白血病的原因之一。医学研究证明，长期处于高电磁辐射的环境中，会使血液、淋巴液和细胞原生质发生改变。意大利专家研究后表示，该国每年有400多名儿童患白血病，其主要原因是距离高压电线太近，遭受了严重的电磁污染。

危害之二

电磁污染会影响人体的循环系统、免疫系统、生殖系统和代谢系统，严重的还会诱发癌症，并会加速人体的癌细胞增殖。瑞士研究人员指出，周围有高压线经过的住户居民，患乳腺癌的概率比一般人高7.4倍。美国德克萨斯州一家癌症医疗基金会针对一些遭受电磁辐射损伤的病人所做的抽样化验结果表明，在高压线附近工作的人，其癌细胞生长速度比一般人要快24倍。

小贴士

危害之三

电磁污染影响人的生殖系统，主要表现为男性精子质量降低，孕妇发生自然流产和胎儿畸形等。

危害之四

电磁污染可导致儿童智力缺陷。据最新调查显示，中国每年出生的新生儿中，约有 35 万为缺陷儿，其中约 25 万为智力缺陷。有专家认为电磁辐射是影响因素之一。世界卫生组织认为，计算机、电视机、移动电话、微波炉、打印机等产生的电磁辐射对胎儿发育有不良影响。

小贴士

危害之五

电磁污染会影响人的心血管系统，表现为心悸、失眠，免疫功能下降等。装有心脏起搏器的病人若处于高电磁辐射的环境中，会影响心脏起搏器的正常使用。

危害之六

电磁污染对人的视觉系统有不良影响。由于眼睛对电磁辐射比较敏感，过高的电磁辐射会引起视力下降、白内障等。

高剂量的电磁辐射还会影响及破坏人体原有的生物电流和生物磁场，使人体内原有磁场发生异常。值得注意的是，不同的人或同一个人在不同年龄段对电磁辐射的承受能力是不一样的，老人、儿童和孕妇属于对电磁辐射较为敏感的人群。

现在你已经知道电磁污染这个“无形的杀手”有多么危险了吧。那么，在日常生活中，你该怎么做，才能避免遭受这个“杀手”的“暗算”呢？专家们给出了一些非常实用的建议：

1. 老人、儿童和孕妇属于电磁辐射敏感人群，在有电磁辐射的环境中活动时，应根据辐射频率或场强特点，选择合适的防护服加以防护。建议孕妇在孕期，尤其在孕早期，应全方位加以防护，对于电磁辐射的伤害不能存有侥幸心理。

2. 平时注意了解电磁辐射的相关知识，增强防护意识，了解国家相关法规和规定，保护自身的健康和安全不受侵害。

3. 不要把家用电器摆放得过于集中，以免使自己暴露在超量辐射的危险之中。特别是一些易产生电磁波的家用电器，如收音机、电视机、电脑、冰箱等不宜集中摆放。合理使用电器设备，保持安全距离，减少辐射危害。

4. 注意人体与办公设备和家用电器的距离，对各种电器的使用，应保持一定的安全距离，如与电视机的距离应在 4 ～ 5 米；与日光灯管的距离应在 2 ～ 3 米；微波炉在开启之后要离开至少 1 米，孕妇和小孩应尽量远离微波炉。

5. 各种家用电器、办公设备、移动电话等都应尽量避免长时间使用，同时尽量避免多种办公设备或家用电器同时启用。手机接通瞬间释放的电磁辐射最大，在使用时应尽量使头部与手机的距离远一些，最好使用耳机接听电话。

6. 注意多食用富含维生素 A、维生素 C 和蛋白质的食物，以增强机体抵抗电磁辐射的能力。

相关链接

电磁污染这个“无形的杀手”这么厉害，而我们平时生活中又离不开电器设备，一不小心，就可能着了这个“杀手”的道。我们除了正确、适度使用各种电器外，还有什么其他方法可以防备这个“杀手”的“偷袭”吗？

科学家们说：“有！那就是——吃！”

吃，是一种增加“内功”的方法，从营养保健饮食方面着手，对电磁污染进行防治，方法简单，效果突出。

相关链接

许多十字花科的蔬菜都具有抗电磁污染损伤的功能，比如说油菜、芥菜、雪里蕻、卷心菜、萝卜等。我国科学家从这些十字花科植物中成功提取出一种天然辐射防护剂SP88（一种小分子芳香族化合物），并通过从分子水平到动植物的一系列实验，对SP88的作用机理及生物功能进行了证实。胡萝卜、豆芽、西红柿等富含维生素A和维生素C，经常吃这些蔬菜有利于抵抗电磁辐射。真菌类食物诸如金针菇、香菇、猴头菇、黑木耳也可通过增强机体免疫力起到抗电磁辐射的作用。所以，为了有效预防现代家庭室内的电磁辐射，应保证十字花科蔬菜、豆芽、

西红柿、海带以及真菌类食物的摄入，以增强机体抗辐射能力。

水果也能够帮你提高“功力”，抵挡电磁污染。绝大多数水果都有抗辐射功效，因为水果中不仅含有丰富的维

生素、粗纤维和微量元素，还含很多活性成分，正是这些活性成分在抗电磁污染过程中发挥着重要作用。例如，柑橘类水果中的萜烯类物质和浆果中的鞣花酸能激活细胞中的蛋白质分子，把电磁污染后变异的细胞裹起来，并利用细胞膜的反吞噬功能，将致癌物排出体外，阻止了致癌物对细胞核的损伤，保证了基因的完好。

光有好的食物是不够的，还应该搭配好的饮料。绿茶中含有的抗氧化剂儿茶酚以及维生素C，不但可以清除体内的自由基，还能使副肾皮质分泌出对抗紧张压力的荷尔蒙，因此，它是抗电磁辐射的首选饮品。枸杞茶含有丰富的β-胡萝卜素、维生素B_1、维生素C、钙、铁，具有补肝、益肾、明目的作用。菊花茶或者蜂蜜菊花茶都具有明目、清肝养肝的作用，它们和绿茶一样，是对抗电磁辐射的能手，尤其是对“电脑族”预防辐射和缓解眼睛疲劳作用显著。葡萄籽提取物对辐射损伤也有一定的修复作用，所以专家们建议，现代都市家庭可以适当地饮用红葡萄酒。

四　热污染

那怎么办！
开汽车也会排放
大废热到空气中，
使天气更热。

……
那我们就坐在
屋子里扇扇子好了。

你有没有看过老师给同学们写的期末评语？在提到某些人跟其他同学关系很好的时候，老师通常会评价这位同学“为人热情”。而当你做好事，帮助别人的时候，人家夸奖你，也常会说你“热心善良”。

热情、热心都是褒义词，也就是说，用到这些词语的时候，给出的评价都是正面的，意思是好的。

但是，你要知道，不是所有的东西，只要是“热”的，就是好的。因为“热”在某些时候也会造成环境污染，通常这种污染被称作“热污染”。

小贴士

热污染是指现代化的工农业生产和人类生活中排出的各种废热所导致的环境污染。热污染可以污染大气和水体。火力发电厂、核电站和钢铁厂的冷却系统排出的热水，以及石油、化工、造纸等工厂排出的生产性废水中均含有大量废热。这些废热排入地面水体之后，能使水温升高。

火力发电厂

热污染这个“无形的杀手”的真实身份，是一种能量污染。它是工农业生产和人类生活中排出的废热造成的环境热化，损害环境质量，进而又影响人类生产、生活的一种增温效应。热污染发生在城市、工厂等人口稠密地区和火电站、核电站等能源消耗大的地方。

20世纪50年代以来，随着社会生产力的发展，能源消耗迅速增加，在能源转化和消费过程中不仅产生直接危害人体健康的污染物，而且还产生了对人体无直接危害的二氧化碳、水蒸气和热废水等。这些物质进入环境后引起环境增温效应，损害环境质量，形成热污染。

热污染一般包括水体热污染和大气热污染。

若把人为排放的各种温室气体、臭氧层损耗物质、气溶胶颗粒物等所导致的直接或间接影响全球气候变化的这一特殊危害热环境的现象除外，常见的热污染有两大类，一类是因城市地区人口集中，建筑群、街道等代替了地面的天然覆盖层，工业生产排放热量，大量机动车行驶排放热量，大量空调排放热量而形成城市气温高于郊区农村的热岛效应；另一类是因热电厂、核电站、炼钢厂等冷却水所造成的水体温度升高，使水中溶解氧减少，某些毒物毒性提高，鱼类不能繁殖或死亡，某些细菌繁殖、破坏水生生态环境，进而引起水质恶化的水体热污染。

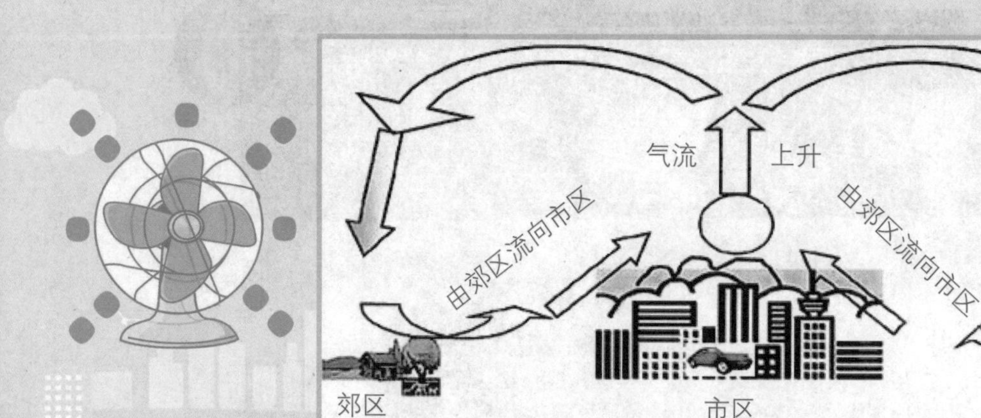

城市热岛效应

相关链接

人类活动对气候的影响，在城市中表现得最为突出。人口密集的城市气温要比周围地区高1℃甚至更多，使其在气温分布上犹如一个温暖的岛屿，这种现象就叫“城市热岛效应”。它表现为市区温度高，郊区温度低，等温线呈圆形分布。

热岛效应的形成，与城市上空污染物质的保温作用、地面蒸发耗热量的减少、风速小、热量水平输送减少、人为热量的释放等因素有关。

造成城市热岛效应的热源主要来自众多工厂和汽车排出的废热，以及家庭和饭店的炉灶、空调、电器等排出的废热。另外，城市高大建筑物多，阻碍了空气循环流通，不利于散热。

由于城市热岛效应，市区中心空气受热不断上升，周围郊区相对较冷的空气向城区辐合补充。而在城市热岛中心上升的空气又在一定高度向周围郊区辐散下沉，以补偿郊区低空的空缺，这样就形成了一种局地环流，称为城市热岛环流。这种环流在晴朗少云，背景风场极其微弱的静稳天气条件下最为明显。国内外许多学者研究表明，城市热岛强度是夜间大于白天，日落以后城郊温差迅速增大，日出以后又明显减小。

其实，人们早就认识到"城市热岛效应"了。早在南宋时期，诗人陆游就有"城市尚余三伏热，秋光先到野人家"的诗句。而清朝时，慈禧太后为了避开城市夏天的酷热，每年都要到颐和园避暑。

近年来，由于城市建设的飞速发展，城市热岛效应越来越明显，这说明热污染现象已经越来越严重了。目前，随着人们环保意识的日益增强，热污染开始受到公众的重视。

热污染这个“无形的杀手”到底是怎么来的呢？和光污染、电磁污染等不同，它纯粹是由人类制造出来的。随着人口和耗能量的增长，城市排入大气的热量日益增多。这样，使地面反射太阳热能的反射率增高，吸收太阳辐射热减少，沿地面空气热量减少，上升气流减弱，阻碍云雨的形成，造成局部地区干旱，影响农作物生长。

近一个世纪以来，地球大气中的二氧化碳不断增加，气候变暖，冰川积雪融化，使海平面上升，一些原本十分炎热的城市变得更热。专家们预测，若按当今能源消耗的速度计算，每10年全球温度会升高0.1～0.2℃；一个世纪后即为1.0~2.0℃，而两极温度将上升3～7℃，对全球气候会有重大影响。

冰川积雪融化

更可怕的是，人类活动导致温室效应日益加重，这对接纳了我们排入过多废热的地球大气来说，无异于雪上加霜，使全球气温不断上升。而全球变暖会使海平面升高，导致沿海地区被海水淹没，地球生态环境被破坏。

造成热污染最根本的原因是能源未能被最有效、最合理地利用。

随着现代工业的发展和人口的不断增长，环境热污染将日趋严重。然而，人们尚未用一个量值来规定其污染程度，这表明人们并未对热污染足够重视。为此，科学家们呼吁应尽快制定环境热污染的控制标准，采取行之有效的措施防治热污染。

热污染可以污染大气和水体。比如说，工厂的循环冷却系统排出的热水，以及工业废水中都含有大量废热。这些废热排入湖泊、河流后，造成水温升高，水中溶解氧气减少，使水体处于缺氧状态，并促使水生生物代谢率增高，这又导致水生生物需要更多的氧，从而造成一些水生生物发育受阻或死亡，从而破坏生态平衡。此外，河水水温上升给一些致病微生物提供了一个人工温床，使它们得以滋生、泛滥，引起疾病流行，危害人体健康。

大气中热量的增加，影响全球气候的变化。至于具体是怎么影响的，以及被污染了的大气会给我们带来什么危害，请看本书的姊妹篇《蓝天保卫战》。在此本书作者偷回懒，就不多说了。

热污染还对人体健康造成危害，降低人体的正常免疫功能。

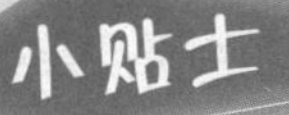

如何防治热污染这个“无形的杀手”？

热污染的防治，主要集中在三个方面：

第一，综合利用废热。充分利用工业余热，是减少热污染的最主要措施。工业生产过程中产生的余热种类繁多，有高温烟气余热、高温产品余热、冷却介质余热和废气废水余热等，这些余热都是可以利用的二次能源。我国每年可利用的工业余热相当于5 000万吨标准煤的发热量。在冶金、发电、化工、建材等行业，通过热交换器利用余热来预热空气、原燃料、干燥产品、生产蒸气、供应热水等。此外，还可用于调节水田、港口水温以防止冻结。

余热回收锅炉

小贴士

对于冷却介质余热的利用，主要指的是电厂和水泥厂等冷却水的循环使用，可改进冷却方式，减少冷却水排放。

对于压力高、温度高的废气，可通过气轮机等动力机械直接将热能转化为机械能。

第二，加强隔热保温。在工业生产中，有些窑体要加强保温、隔热措施，以降低热损失，如水泥窑筒体用硅酸铝毡、珍珠岩等高效保温材料，既减少热散失，又降低水泥熟料热耗。

第三，寻找新能源。利用水能、风能、地热能、潮汐能和太阳能等新能源，既能有效解决污染问题，又是防止和减少热污染的重要途径。特别是太阳能的利用，各国都投入大量人力和财力进行研究，并取得了一定的效果。

风能发电机

五　核污染

啊！
我们的城市
被毁灭了！
我也有核武器！

……
我派变异生物攻击！

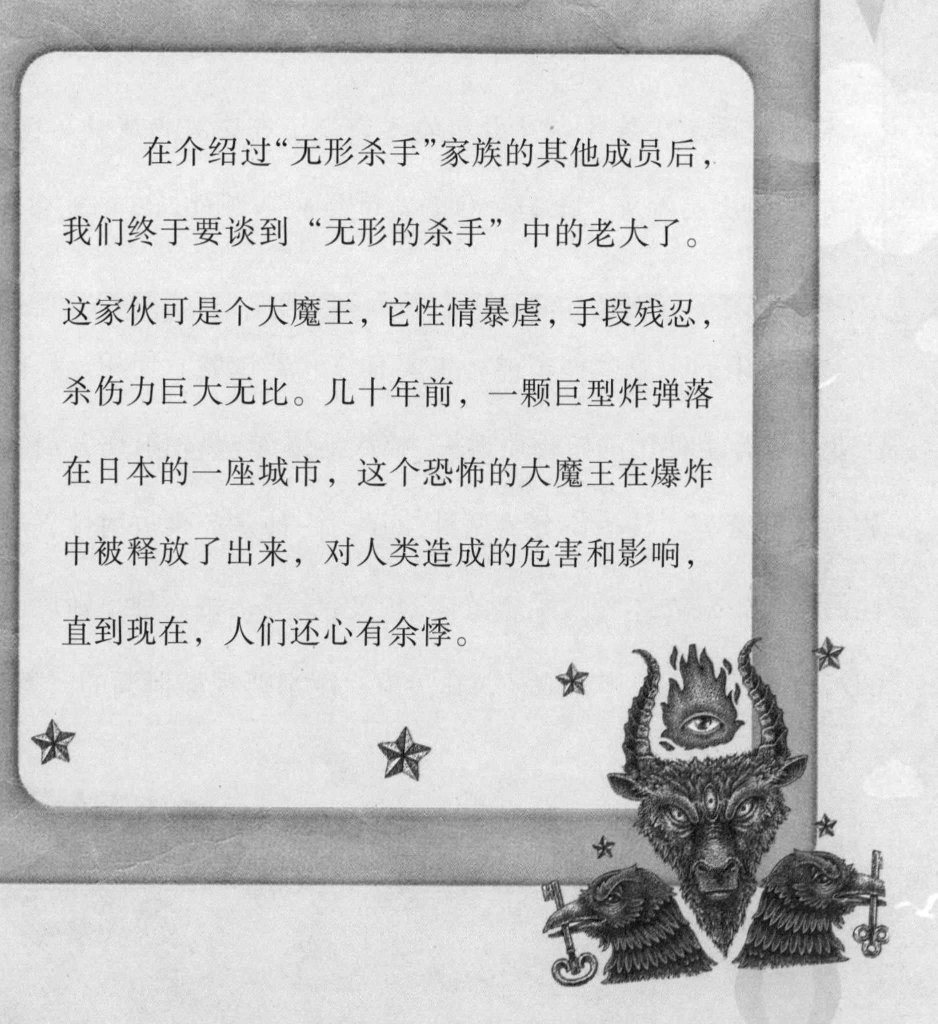

在介绍过“无形杀手”家族的其他成员后，我们终于要谈到“无形的杀手”中的老大了。这家伙可是个大魔王，它性情暴虐，手段残忍，杀伤力巨大无比。几十年前，一颗巨型炸弹落在日本的一座城市，这个恐怖的大魔王在爆炸中被释放了出来，对人类造成的危害和影响，直到现在，人们还心有余悸。

聪明的你已经猜到了吧？这个“无形的杀手”中的老大，这个人们谈之色变的恐怖大魔王，就是核污染。

小贴士

核污染主要指核物质泄漏后的遗留物对环境的破坏，包括核辐射、原子尘埃等本身引起的污染，还有这些物质对环境污染后带来的次生污染，比如被核物质污染的水源对人畜的危害。

核污染的来源多种多样，主要有核武器试验、使用，核电站泄漏，工业或医疗上使用的核物质遗失、核武器爆炸、热辐射伤害、核辐射伤害、放射性存留等。核污染分为两种途径，一种是产生放射性气溶胶等放射性污染物，对人体呼吸系统及体表产生危害；另一种是随风向扩散产生的污染。但无论是哪种途径，其污染程度都要视核泄漏的严重程度而定。

伽马射线暴图像

在我们所生活的世界里，能产生放射性的物质不少，包括来自太空的宇宙射线，这些叫“本底辐射”。通常情况下本底辐射剂量很小，从流行病学调查结果看，对人类健康危害不大。只有在核爆炸或核电站事故泄漏的放射性物质超过了我们能够承受的限度，才能大范围地对我们造成伤害。两相比较，核爆炸不会引起明显的气候变化，但会在爆炸发生地及一定范围内存留放射性。

而核电站受损后，设施会释放一定量的放射性物质，其中一些“寿命短”的放射性物质相对来说危害不大，而另一些半衰期长的放射性物质则要危险得多。

一旦核泄露释放出放射性物质，就等于打开魔盒，放出了魔鬼。而这个魔鬼，是一群恐怖“杀手”的首领，它会派遣许多和它一样隐形的手下，残害你的健康，让你病得半死不活，感觉生不如死。

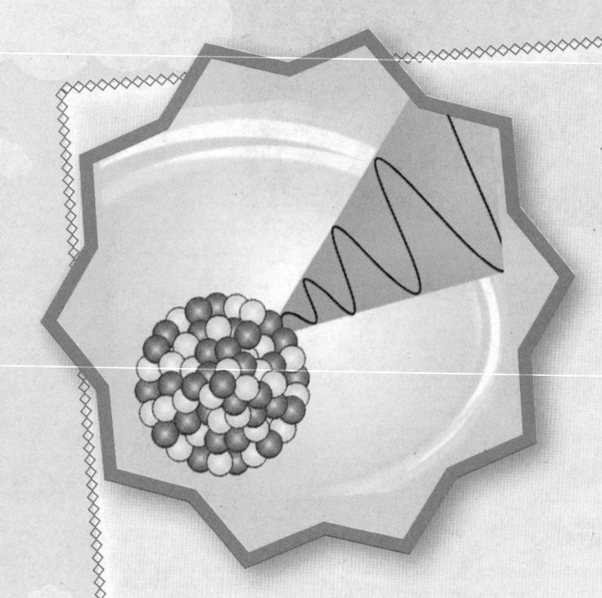

魔王的这些隐形手下，就是放射性元素在自然状态下不断进行核衰变时，放射出的 α、β、γ 射线。它们伤害人类的手法叫“核辐射伤人”，有“内照射伤害”和“外照射伤害”两种。一定量放射性物质进入人体后，既具有生物化学毒性，又能以它的辐射作用造成人体损伤，这种作用称为“内照射”；体外的电离辐射照射人体也会造成人体损伤，这种作用称为“外照射”。

魔王的"1号"手下是 γ 射线。γ 辐射是波长很短的电磁波，穿透力很强，是造成人体"外照射伤害"的主要射线。当人体受到 γ 射线的辐射剂量达到 2~6 希（衡量辐射的专用单位）时，人体造血器官，如骨髓将遭到破坏，白细胞严重减少，出现内出血，头发脱落等现象；当辐射剂量为 10~15 希时，人体肠胃系统将遭到破坏，发生腹泻、发烧、内分泌失调，两周内死亡的概率几乎为 100%；当辐射剂量为 50 希以上时，可导致中枢神经系统遭到破坏，发生痉挛、震颤、失调、嗜眠，两天内死亡的概率为 100%。

1986 年 4 月 26 日，切尔诺贝利核电站的灾难性大火造成的放射性物质泄漏，污染了多个国家和地区。此次核事故导致 53 人直接死亡，另有数千人因受辐射而患上了各种慢性病。这场灾难的主凶就是 γ 射线。

切尔诺贝利核污染装备拆解场

爆炸后的切尔诺贝利核电站

切尔诺贝利核事故

1986年4月26日凌晨1时23分，位于苏联乌克兰共和国北部的切尔诺贝利核电站第4号机组发生了一次反应堆堆心毁坏、部分厂房倒塌的灾难性事故，大量强辐射物质泄漏。当时，大约4 300个城镇和村庄坐落在切尔诺贝利核电站事故后遭受放射性污染的区域内。

此次事故导致的放射性污染不仅影响苏联大片地区，还波及瑞典、芬兰、波兰等国，成为引起世界震动的一次核电站泄漏事故。截至2006年，还有超过150万俄罗斯人住在受切尔诺贝利核事故污染的土地上，其中有人还在吃受放射性污染的食物。联合国卫生机构评价说，大约有9 300人可能死于由放射性污染引发的癌症。

α 射线，或者说 α 粒子，是核污染这个魔王的“2 号”手下，它主要对人体造成“内照射”危害。

α 粒子实际上是氦元素的原子核，它质量大，穿透能力差，在空气中的射程只有几厘米，只需一张纸或健康的皮肤就能挡住。但是一旦放射性物质进入人体，在人体内产生 α 辐射，造成内照射伤害，危害就大了。

α 粒子是带正电的高能粒子，所到之处很容易引起电离，即 α 粒子与原子核外电子作用，使电子获得一部分能量，脱离了原来轨道，而成为自由电子，这样就会打断人体组织的各种原子和分子间的化学键。重要的酶被电离后，改变了原有的结构，失去了应有的生理作用；细胞组织被电离后，严重的会导致细胞坏死；如果遗传物质 DNA 分子被电离，就会导致遗传信息发生改变，改变了的遗传信息会在细胞分裂时传给子细胞。对 DNA 造成的破坏越大，患癌症的风险也就越高。

核污染后，切尔诺贝利地区畸形婴儿出生率增高；远在 80 公里外的农庄，约 20% 的小猪生下来眼睛不正常，这都是遗传物质变异导致的结果。

核污染后出生的畸形小猪

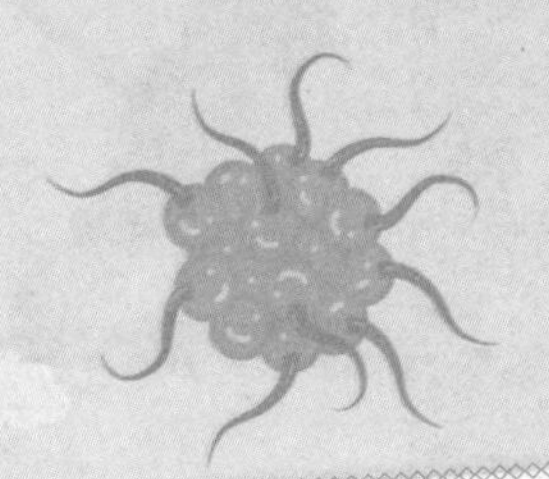

还有个给魔王打杂的手下，没事时常出来打打酱油，它叫作 β 射线，是高速电子流，皮肤遭照射后会被烧伤。β 射线也会造成内照射伤害，因为它是高速电子流，进入人体，也会引起电离。β 射线对人体的伤害是内外兼有的。

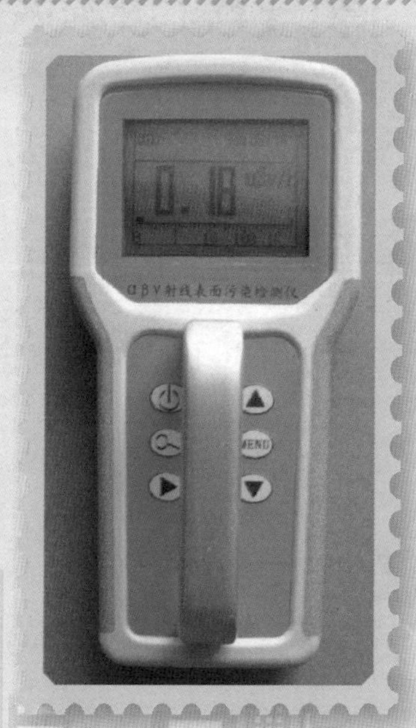

α、β、γ 射线表面污染检测仪

各国科学家最担忧的是一些释放出的颗粒状放射性化学物质，它们会长期潜伏，持续作祟。这些颗粒的大小仅仅是沙粒的四分之一，它们在空气中漂浮，会像微尘颗粒那样被人吸入；也会落在草上被牛食入，最终通过牛奶、牛肉进入人体；也可能落在蔬菜上或聚集到海鱼和淡水鱼体内，被人食用。

在核泄漏中，有四种放射性同位素碘-131、铯-137、锶-90及钚-239是对人体有危害的。它们酷似人体天然所需的物质，极易进入人体的组织。

新华社发布的2011年3月14日卫星拍摄图片
《日本福岛第一核电站3号反应堆爆炸后冒着浓烟》

碘-131与人体天然所需的一种物质——碘基本一致，进入人体后，会被甲状腺细胞吸收，对甲状腺细胞造成伤害，导致甲状腺疾病，甚至患甲状腺癌。锶-90在化学性质上与钙相似，易进入人体的骨骼和牙齿，进而导致骨癌（骨骼附近软组织的癌症）和白血病。

铯-137和肝、肾细胞亲和，喜欢在这些负责代谢的器官里安家，会造成肝癌和肾癌等。

最令人头痛的是钚-239。钚是核反应堆中燃料棒的主要构成物质，毒性十分强烈，可通过呼吸传播，因而会引发肺癌。

核武器试验

相关链接

某种放射性元素的原子核有半数发生衰变时所需要的时间，称为该放射性元素的半衰期。有的放射性物质的半衰期很长，进入人体，潜伏下来，会对机体持续地造成伤害。

广岛核爆炸后第46天，美军陆战队第五分队队员比尔·格林菲被送到广岛。1946年，格林菲回到美国。不久，他留意到自己身上出现典型的辐射病症状：牙龈出血、头发和牙齿开始脱落。1969年，格林菲8岁的女儿帕特里克死于白血病。这父女二人的遭遇，就是核污染造成持续伤害的典型例证。

日本福岛第一核电站核灾难后清理出来的
被污染的土壤、叶子和垃圾
被装入大黑塑料袋中弃置在海边

有时候，魔王也会想办法变身，悄悄溜出来害人。

它经常使用的身份是放射性物质“氡”。

氡是地壳中放射性铀、镭和钍的蜕变产物。而铀、钍和镭都是天然放射性元素，是构成地球和宇宙自然界一切物质的组成部分。氡在地壳中的含量可以说是“微少”，但它广泛存在于岩石狭缝、地下水、地表水、土壤、空气、天然气等中，可以说它无处不在。

氡，无色无味，就像“无形烟”，常温下能在空气中形成放射性气溶胶，容易被呼吸系统截留。当人吸入氡后，氡发生衰变产生的 α 粒子可对人的呼吸系统造成辐射损伤，引发肺癌。

遭受海啸和核辐射侵袭的福岛局部

平均每立方米空间内氡含量升高 100 贝克（放射性物质的放射活度计量单位），患肺癌的风险就增加 16%。氡已成为仅次于烟的肺癌第二大诱因。世界上 1/5 的肺癌与氡有关。世界卫生组织现已将其列为致癌的 19 种物质之一。

如果居住或工作在一楼、地下室、隧道及矿坑等，加上通风不良，氡的含量就会高于地面大气中的含量。

好在氡的半衰期较短，仅为 3.2 天，若家装时，天然大理石铺设之后，开门窗通风，20～30 分钟后，氡的浓度就可降至室外水平。但是，从放射性氡衰变到稳定的时间约为 25 年，所以居住平房或住在一楼的朋友，可得培养出经常通风的习惯，才能保得平安。

电影《哥斯拉》中因遭受辐射而变异的恐龙

小贴士

防治核污染大魔王的措施

1. 严格控制能引起核污染的原料生产、加工和使用。

2. 通过立法限制核的使用和核原料的买卖、交易。

3. 使用核能源要确定其安全性，以安全最大化为原则。

4. 加快核能的科技研究，更深入地了解其原理，以便更好地掌握和利用核能。

5. 避免核战争，约束有核国家关于核武器的研制和开发。

6. 核试验和开发核能应尽量在偏僻的地方进行，如有事故，其造成的损失最小。

位于哈萨克斯坦东北部的原苏联最大的核试验场，塞米巴拉金斯克多角区